3分鐘
懶人BOX麵包

BOX麵包三兩下就完成，

基本材料只有4種！

基本款BOX麵包只需
準備4種材料：高筋
麵粉、鹽、酵母粉和
水。因為不使用砂糖
和奶油，適合有健康
顧慮的人食用。

作業時間只要3分鐘！

製作BOX麵包只要秤
量材料、混拌，置於
室溫下發酵後，用微
波爐加熱即完成！作
業時間差不多3分
鐘，忙碌的人也能輕
鬆做好。

省時省事超簡單！

不需要烤箱！

用微波爐加熱即可！就算家中沒有烤箱，也能品嘗現做的美味麵包。想吃金黃色澤的麵包，可以用烤麵包機微烤，或是用平底鍋略煎。

一個BOX全部搞定！

用一個微波保鮮盒就能秤量材料、混拌及加熱麵團，減少清洗的器具。而且保存也是放在保鮮盒裡，真是太方便了！

BOX 麵包種類豐富，口味多變！

基本材料加上喜歡的配料，就能做出各種鹹麵包和甜麵包。
製作想吃的口味時，請參考 P.76 的重點訣竅與注意事項。

前言

無論是早餐、午餐或點心，麵包是我們生活中常吃的食物，不過很多人都覺得「自己做麵包很難」對吧？

我根據過去在製粉公司任職的經驗，開設了以麵包教室的講師為對象的課程，傳授製作麵包與麵粉特性的知識。

教學過程中我感受到，只要確切理解麵粉的特性，做麵包其實是「非常簡單有趣的事」！

為了讓更多人享受做麵包的樂趣，我不斷地思考、嘗試如何透過簡單的做法成功做出美味的麵包。

最後完成了這本世界第一簡單的BOX麵包食譜。

「感覺好麻煩，不想自己做麵包。」
「以前做過好幾次都失敗了。」

如果你也有過這樣的想法，請試著做做看簡單好吃的BOX麵包，若能因此感受到麵粉的美味及做麵包的樂趣，我也會感到很開心。

齋藤由郁里

Contents

BOX鹹麵包

● 材料的標示為1杯＝200cc（200ml）、1大匙＝15cc（15ml）、1小匙＝5cc(5ml)。
● 雖然書中有標示參考份量或調理時間，因為食材或調理器具各有差異，請視情況斟酌的調整。
● 本書使用的微波爐為600W，若是500W，加熱時間請調整為1.2倍。
● 器具請擦乾淨再使用。若有水分或油分殘留，可能導致麵團無法發酵或受到破壞。
● 製作油分多的麵包因為溫度會升高，容器可能變形或破損，請使用耐熱溫度高的微波保鮮盒。

基本器具

A
電子秤

雖可使用料理秤，不過正確秤量材料是製作麵包的成功訣竅，建議使用可秤量至0.1g單位的電子秤。若是少量的材料，使用電子湯匙秤，誤差會更少。

B
微波保鮮盒

因為BOX麵包是用微波爐加熱，所以要使用可微波的保鮮盒。即使是相同容量，寬口的保鮮盒容易受熱不均，建議使用窄口且深的樣式。本書是使用510ml和130ml這兩種。

C
叉子
湯匙

本書是用一般的金屬叉子和湯匙。使用大一點的叉子、小一點的湯匙，比較能夠均勻混拌。

基本材料

Ⓓ 高筋麵粉

本書是用日清製粉的「日清山茶花高筋麵粉」。不同廠牌的麵粉，麩質含量或含水量各有所異，使用這款麵粉製作本書的麵包比較不易失敗。

Ⓔ 酵母粉

本書是用日清製粉的「日清特級山茶花酵母粉」。雖然也可使用他牌的酵母粉，但酵母粉和麵粉一樣，廠牌不同可能會影響發酵時間或成果。

Ⓕ 水

請使用微溫（30℃前後）的自來水或礦泉水。冷水會導致發酵變慢，熱水會加速發酵，造成酵母菌死亡。

Ⓖ 鹽

請使用喜歡的鹽。

基本款BOX麵包

味道單純吃不膩，
適合天天吃喔！

材料（510ml微波保鮮盒1個的量）

Ⓐ 鹽 …… 2g
Ⓑ 酵母粉（日清特級山茶花）…… 1g
Ⓒ 水 …… 90g
Ⓓ 高筋麵粉（日清山茶花）…… 100g

〉製作成功的訣竅〈

| 正確地
秤量份量 | 請準確秤量BOX麵包的材料。因為鹽和酵母粉的份量都很少，些許的誤差就會影響成果。 |

| 建議使用
日清製粉的
高筋麵粉和酵母粉 | 本書是用日清製粉的高筋麵粉和酵母粉。若使用他牌可能會影響成果，建議使用這個牌子。 |

| 使用
保鮮盒秤料即可 | 秤量材料時，可直接倒入保鮮盒，這麼做可減少要清洗的器具。 |

①

將鹽、酵母粉和水
倒入微波保鮮盒，
用叉子
充分攪溶拌勻。

········ **POINT** ········

將所有材料倒入微波保鮮盒後，請立
刻混拌。若是510ml的保鮮盒，建議用
叉子比較方便操作。因為酵母粉容易
附著在容器上，從底部確認，確實攪
溶拌勻。

②

加入高筋麵粉，
用小一點的湯匙
畫圈攪拌1分鐘以上，
拌至沒有粉粒、出現黏性的狀態。

········ **POINT** ········

接著加入高筋麵粉充分攪拌，不留任何
粉粒。麵團會慢慢變成下圖所示的黏性
膜狀。
雖然這個步驟需要出力，如果攪拌不
足，麵團將無法膨發，請好好加油！

③

蓋上蓋子避免乾燥，
置於室溫下發酵
60〜90分鐘，讓麵團
膨脹至2倍以上的高度。

········(P O I N T)········

請配合室溫調整發酵時間。室溫高的夏
季，發酵會變快，室溫低的冬季，發酵
會變慢。麵團膨脹的高度請參考下圖。
如果變成過度發酵（過發）的狀態，麵
團會變得不好吃，請勿放置太久。

發酵前　　　　發酵後

④

拿掉蓋子，
以600W微波加熱
2分30秒〜3分鐘。

········(P O I N T)········

微波爐的加熱時間依機種而異，表面若
是白色表示還沒熟透，請視情況斟酌增
加20〜30秒。微波爐是從食物的中心
加熱，只要表面烤乾即完成。大致放涼
後，從保鮮盒取出冷卻。

(使用130ml的微波保鮮盒製作)

本書使用510ml保鮮盒的食譜也可改用4個130ml的保鮮盒製作。變更的部分是步驟1：將所有材料倒入調理碗，用打蛋器攪勻混拌，以及步驟2：筷子反握，用筷頭攪拌，發酵前分裝至保鮮盒。每個保鮮盒的麵團約47g，各自微波加熱1分鐘～1分30秒。

發酵前　　　　　　　　　發酵後

(切麵包的訣竅)

軟Q是BOX麵包的特色，切的時候可能不太好切，請完全冷卻後再切。將刀子沾水，就能切得很工整漂亮。為避免壓扁麵包，以鋸切的方式推移刀子。

保存方法

常溫

因為做好的麵包會結露,大致放涼後,先從保鮮盒中取出冷卻,再放回盒內。若是常溫保存,建議放一天就好。為避免陽光直射、防止乾燥,請蓋上蓋子。如果麵包的高度超出盒口,用保鮮膜確實密封。

冷凍

一天吃不完的話,建議做好後立刻冷凍。麵包切完後放回保鮮盒,蓋上蓋子或用保鮮膜密封,可保存一星期左右。

解凍方法

常溫

早上要吃的話,睡前從冷凍庫取出,置於常溫下退冰。

微波爐

包上保鮮膜,先以600W微波加熱約40秒,再視情況斟酌調整加熱時間。加熱過度,麵包中心會變硬,請留意。

BOX麵包的開放式三明治

小朋友也愛的經典組合！

三明治人氣NO.1

火腿蛋三明治

| 做法 |

煮1顆蛋。將2大匙美乃滋、少許
胡椒、適量的香芹末和芥末醬倒
入調理碗，把蛋放入碗中，大略
壓碎且充分拌勻。和火腿或萵苣
一起擺在麵包上。

日式口味也很好吃！

醬油搭配蔥花的
微日式調味

美乃滋鮭魚

| 做法 |

將適量的鮭魚鬆、美乃滋和少許
醬油倒入調理碗混拌。擺在麵包
上，依個人喜好撒上蔥花。

用黑糖或甜菜糖都OK

砂糖的沙沙口感真棒！

蜜糖吐司

| 做法 |

將麵包塗抹大量的有鹽奶油或乳瑪琳，均勻撒上適量的砂糖。用烤麵包機烤至表面上色即完成。

宛如草莓大福的速成甜麵包！

新鮮水果真好吃

水果＋豆沙

| 做法 |

在麵包上放適量的豆沙，將喜歡的水果切成適口大小後擺上。提醒各位，水果要擦乾水分再放。

烤BOX麵包

簡單最美味！

用烤麵包機烤

用烤麵包機烤約1～2分鐘，烤至表面呈現金黃色澤。如果怕太乾，先在麵包上噴一些水。烤好後依個人喜好塗抹奶油或乳瑪琳享用。

煎成喜歡的狀態好好品嘗

用平底鍋煎

在已加熱的平底鍋內倒入適量的橄欖油，麵包下鍋，單面以小火～中火煎約2～3分鐘。表面上色後，再翻面煎。煎好後依個人喜好撒上少許的鹽享用。

Chapter

1

BOX鹹麵包

本章要為各位介紹
使用起司、火腿或蔬菜等食材
製作的BOX鹹麵包。
除了當成早餐或午餐,
因為可以裝進盒子攜帶,
也可以做成便當唷!

火腿起司麵包

早午晚都想吃的
正宗美味組合！

材料（510ml 微波保鮮盒1個的量）

鹽 …… 2g
酵母粉 …… 1g
水 …… 90g
高筋麵粉 …… 100g
火腿 …… 1片
起司片 …… 1片

做法

1 將鹽、酵母粉和水倒入微波保鮮盒，用叉子充分攪溶拌勻。

2 加入高筋麵粉，用小一點的湯匙畫圈攪拌1分鐘以上，拌至沒有粉粒、出現黏性的狀態。

3 蓋上蓋子避免乾燥，置於室溫下發酵60～90分鐘，讓麵團膨脹至2倍以上的高度。

4 把切成短條狀的火腿和起司片用湯匙均等地塞入麵團內。

5 拿掉蓋子，以600W微波加熱2分30秒～3分鐘。

MEMO

塞火腿和起司片時，將湯匙垂直插入麵團中。加熱前盡可能不要擠壓麵團，就能烤出鬆軟的麵包。

玉米麵包

**請好好享受玉米的
溫和甜味與彈牙口感。**

材料 (510ml微波保鮮盒1個的量)

鹽 …… 2g
酵母粉 …… 1g
水 …… 90g
高筋麵粉 …… 100g
水煮玉米粒 …… 25g

做法

1 將鹽、酵母粉和水倒入微波保鮮盒，
用叉子充分攪溶拌勻。

2 加入高筋麵粉，用小一點的湯匙畫圈
攪拌1分鐘以上，拌至沒有粉粒、出
現黏性的狀態。

3 加入玉米粒，混拌均勻。

4 蓋上蓋子避免乾燥，置於室溫下發酵
60～90分鐘，讓麵團膨脹至2倍以上
的高度。

5 拿掉蓋子，以600W微波加熱2分30
秒～3分鐘。

MEMO

水煮玉米粒要確實瀝乾水
分再加入麵團混拌。若玉
米粒殘留水分，麵團的含
水量增加可能導致失敗。

毛豆麵包

嫩綠色的毛豆賞心悅目。
依個人喜好添加起司也很好吃！

材料（510ml微波保鮮盒1個的量）

鹽 …… 2g
酵母粉 …… 1g
水 …… 90g
高筋麵粉 …… 100g
毛豆（水煮後去除豆莢）…… 25g

做法

1 將鹽、酵母粉和水倒入微波保鮮盒，用叉子充分攪溶拌勻。

2 加入高筋麵粉，用小一點的湯匙畫圈攪拌1分鐘以上，拌至沒有粉粒、出現黏性的狀態。

3 加毛豆，混拌均勻。

4 蓋上蓋子避免乾燥，置於室溫下發酵60～90分鐘，讓麵團膨脹至2倍以上的高度。

5 拿掉蓋子，以600W微波加熱2分30秒～3分鐘。

明太子美乃滋麵包

明太子淡淡的鮮味和鹹味
令人欲罷不能！

材料 (510ml 微波保鮮盒 1 個的量)

鹽 …… 2g
酵母粉 …… 1g
水 …… 80g
明太子美乃滋 …… 20g
高筋麵粉 …… 100g
乾燥香芹 …… 適量

做法

1 將鹽、酵母粉、水和明太子美乃滋倒入微波保鮮盒，用叉子充分攪溶拌勻。

2 加入高筋麵粉，用小一點的湯匙畫圈攪拌1分鐘以上，拌至沒有粉粒、出現黏性的狀態。

3 蓋上蓋子避免乾燥，置於室溫下發酵60～90分鐘，讓麵團膨脹至2倍以上的高度。

4 依個人喜好撒上香芹後，拿掉蓋子，以600W微波加熱2分30秒～3分鐘。

鹽奶油麵包

充滿奶油香氣的麵包。
烤過之後，奶油溢～出！

材料（510ml微波保鮮盒1個的量）

鹽 …… 2g
酵母粉 …… 1g
水 …… 90g
高筋麵粉 …… 100g
有鹽奶油 …… 7g×3塊
鹽、胡椒 …… 各適量

做法

1 將鹽、酵母粉和水倒入微波保鮮盒，用叉子充分攪溶拌勻。

2 加入高筋麵粉，用小一點的湯匙畫圈攪拌1分鐘以上，拌至沒有粉粒、出現黏性的狀態。

3 蓋上蓋子避免乾燥，置於室溫下發酵60～90分鐘，讓麵團膨脹至2倍以上的高度。

4 把3塊奶油保持一定間距塞入麵團內，用手指整平表面，不讓奶油露出。

5 依個人喜好撒上鹽、胡椒後，拿掉蓋子，以600W微波加熱2分30秒～3分鐘。

MEMO

為了讓麵包切成3等份後，奶油都在中央，把奶油塞入麵團時，保持一定間距。用手指畫圓就能簡單整平表面。鹽奶油麵包加熱後，流出來的奶油會沾到麵包，取出時請用廚房紙巾按住。

南瓜麵包

**南瓜的自然甜味
讓麵包吃起來溫醇順口。**

材料 (510ml微波保鮮盒1個的量)

南瓜 …… 70g
鹽 …… 2g
酵母粉 …… 1g
水 …… 90g
蜂蜜 …… 5g
高筋麵粉 …… 100g

做法

1 南瓜用保鮮膜包好，以600W微波加熱2分30秒。取40g去皮壓爛，剩下的30g連皮切成1cm的塊狀。

2 將鹽、酵母粉、水和蜂蜜倒入微波保鮮盒，用叉子充分攪溶拌勻。

3 加入高筋麵粉，用小一點的湯匙畫圈攪拌1分鐘以上，拌至沒有粉粒、出現黏性的狀態。

4 接著加入壓爛的南瓜，混拌成大理石花紋狀。

5 蓋上蓋子避免乾燥，置於室溫下發酵60～90分鐘，讓麵團膨脹至2倍以上的高度。

6 放上切塊的南瓜，以600W微波加熱2分30秒～3分鐘。

MEMO

加入壓爛的南瓜時，用湯匙大略混拌。不要拌太久，才能做出漂亮的大理石花紋。

羅勒起司麵包

義式風味的麵包
當餐點或下酒菜皆適合！

材料（510ml微波保鮮盒1個的量）

鹽 …… 2g
酵母粉 …… 1g
義大利麵醬（青醬）…… 1包
水 …… 與青醬合計共95g
高筋麵粉 …… 100g
披薩用起司絲 …… 25g

做法

1 將鹽、酵母粉、青醬和水倒入微波保
鮮盒，用叉子充分攪溶拌勻。

2 加入高筋麵粉，用小一點的湯匙畫圈
攪拌1分鐘以上，拌至沒有粉粒、出
現黏性的狀態。

3 蓋上蓋子避免乾燥，置於室溫下發酵
60～90分鐘，讓麵團膨脹至2倍以上
的高度。

4 加入起司絲，用湯匙稍微塞入麵
團內。

5 拿掉蓋子，以600W微波加熱2分30
秒～3分鐘。

熱狗麵包

飽足感滿分！
依個人喜好擠上番茄醬和芥末醬。

材料（510ml微波保鮮盒1個的量）

鹽 ⋯⋯ 2g
酵母粉 ⋯⋯ 1g
水 ⋯⋯ 90g
高筋麵粉 ⋯⋯ 100g
熱狗腸 ⋯⋯ 3條

做法

1 將鹽、酵母粉和水倒入微波保鮮盒，用叉子充分攪溶拌勻。

2 加入高筋麵粉，用小一點的湯匙畫圈攪拌1分鐘以上，拌至沒有粉粒、出現黏性的狀態。

3 蓋上蓋子避免乾燥，置於室溫下發酵60～90分鐘，讓麵團膨脹至2倍以上的高度。

4 取1條熱狗腸切成一半，把1條＋1/2條塞入麵團後，再放上1條＋1/2條。

5 拿掉蓋子，以600W微波加熱2分30秒～3分鐘。

MEMO

放熱狗腸時，先將1條＋1/2條塞至底部當作下層，再將1條＋1/2條疊在上方。

肉包

輕輕鬆鬆做出肉包！
將燒賣發揮妙用的創意麵包。

材料（130ml微波保鮮盒4個的量）

鹽 …… 2g
酵母粉 …… 1g
水 …… 90g
高筋麵粉 …… 100g
燒賣 …… 4個

做法

1 將鹽、酵母粉和水倒入調理碗等容器，用打蛋器充分攪溶拌勻。

2 加入高筋麵粉，筷子反握，用筷頭畫圈攪拌1分鐘以上，拌至沒有粉粒、出現黏性的狀態。把麵團分成4等份，各自裝入130ml的微波保鮮盒。

3 蓋上蓋子避免乾燥，置於室溫下發酵60～90分鐘，讓麵團膨脹至2倍以上的高度。

4 在每個保鮮盒內各塞入1個燒賣，用手指整平表面，不讓燒賣露出來。

5 拿掉蓋子，每個保鮮盒以600W微波加熱1分鐘～1分30秒。

MEMO

塞入燒賣後，用手指推周圍的麵團蓋住燒賣，以畫圓的方式整平表面。

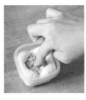

熱～呼呼的香濃美味！
披薩包

小朋友也愛這一味！
豆沙包

使用冷凍調理包省時省事！
乾燒蝦仁包

爐肉和麵包很搭！
爐肉包

豆沙包

材料（130ml微波保鮮盒4個的量）

鹽 …… 2g　　酵母粉 …… 1g
水 …… 90g　　高筋麵粉 …… 100g
豆沙 …… 35g×4

做法

1　依照P.39的步驟 **1～3**拌製、發酵
　　麵團。
2　在4個保鮮盒內各塞入揉成圓球的豆
　　沙35g，用手指整平表面，不讓豆沙
　　露出來。
3　拿掉蓋子，每個保鮮盒以600W微波
　　加熱1分鐘～1分30秒。

披薩包

材料（130ml微波保鮮盒4個的量）

鹽 …… 2g　　酵母粉 …… 1g
水 …… 90g　　高筋麵粉 …… 100g
披薩醬 …… 1小匙×4
披薩用起司絲 …… 10g×4

做法

1　依照P.39的步驟 **1～3**拌製、發酵
　　麵團。
2　在4個保鮮盒內用湯匙各塞入1小匙
　　披薩醬和10g的起司絲，用手指整平
　　表面。
3　拿掉蓋子，每個保鮮盒以600W微波
　　加熱1分鐘～1分30秒。

爌肉包

材料（130ml微波保鮮盒4個的量）

鹽 …… 2g　　酵母粉 …… 1g
水 …… 90g　　高筋麵粉 …… 100g
爌肉 …… 20～30g×4

做法

1　依照P.39的步驟 **1～3**拌製、發酵
　　麵團。
2　在4個保鮮盒內各塞入瀝乾湯汁、切
　　成一口大小的爌肉20～30g，用手指
　　整平表面，不讓爌肉露出來。
3　拿掉蓋子，每個保鮮盒以600W微波
　　加熱1分鐘～1分30秒。

乾燒蝦仁包

材料（130ml微波保鮮盒4個的量）

鹽 …… 2g　　酵母粉 …… 1g
水 …… 90g　　高筋麵粉 …… 100g
冷凍乾燒蝦仁 …… 20g×4

做法

1　依照P.39的步驟 **1～3**拌製、發酵
　　麵團。
2　在4個保鮮盒內各自塞入20g的乾燒
　　蝦仁，用手指整平表面，不讓蝦仁露
　　出來。
3　拿掉蓋子，每個保鮮盒以600W微波
　　加熱1分鐘～1分30秒。

馬鈴薯沙拉麵包

鬆軟的馬鈴薯大大地滿足了胃。
這也適合做成便當喔！

材料 (510ml 微波保鮮盒 1 個的量)

鹽 …… 2g
酵母粉 …… 1g
水 …… 90g
高筋麵粉 …… 100g
馬鈴薯沙拉 …… 80g
乾燥香芹 …… 適量

做法

1 將鹽、酵母粉和水倒入微波保鮮盒，用叉子充分攪溶拌勻。

2 加入高筋麵粉，用小一點的湯匙畫圈攪拌1分鐘以上，拌至沒有粉粒、出現黏性的狀態。

3 蓋上蓋子避免乾燥，置於室溫下發酵60〜90分鐘，讓麵團膨脹至2倍以上的高度。

4 把馬鈴薯沙拉用湯匙塞入麵團中央，鋪成條狀。

5 依個人喜好撒上香芹，拿掉蓋子，以600W微波加熱2分50秒〜3分20秒。

MEMO

如果增加配料，麵包不易熟透，必須稍微延長加熱時間，請視情況斟酌調整。

鹿尾菜麵包

營養滿分的日式配菜口味。
也可選擇喜歡的配菜試一試。

材料 (510ml 微波保鮮盒 1 個的量)

高湯粒 …… 8g
酵母粉 …… 1g
水 …… 90g
高筋麵粉 …… 100g
滷鹿尾菜 (瀝乾湯汁) …… 40g

做法

1 將高湯粒、酵母粉和水倒入微波保鮮盒，用叉子充分攪溶拌勻。

2 加入高筋麵粉，用小一點的湯匙畫圈攪拌1分鐘以上，拌至沒有粉粒、出現黏性的狀態。

3 加入30g的滷鹿尾菜，混拌均勻。

4 蓋上蓋子避免乾燥，置於室溫下發酵70～100分鐘，讓麵團膨脹至2倍以上的高度。

5 放上10g的滷鹿尾菜，拿掉蓋子，以600W微波加熱2分40秒～3分10秒。

MEMO

滷鹿尾菜用廚房紙巾確實瀝乾水分再拌入麵團。如果麵團的含水量改變，可能會導致失敗。

絞肉咖哩麵包

起司的鹹味大加分！
免炸不油膩的Q彈咖哩麵包。

材料（510ml微波保鮮盒1個的量）

A {
混合絞肉 …… 50g
洋蔥（切末）…… 20g
蒜泥 …… 少許
鹽、胡椒 …… 各少許
}
鹽 …… 2g
酵母粉 …… 1g
水 …… 90g
伍斯特醬 …… 10g
砂糖 …… 10g
高筋麵粉 …… 100g
咖哩粉 …… 5g
切達起司 …… 適量

做法

1 把**A**放入耐熱容器，包上保鮮膜，以600W微波加熱2分鐘。

2 將鹽、酵母粉、水、伍斯特醬和砂糖倒入微波保鮮盒，用叉子充分攪溶拌勻。

3 加入高筋麵粉和咖哩粉，用小一點的湯匙畫圈攪拌1分鐘以上，拌至沒有粉粒、出現黏性的狀態。

4 接著加入放涼的**1**，混拌均勻。

5 蓋上蓋子避免乾燥，置於室溫下發酵70～100分鐘，讓麵團膨脹至2倍以上的高度。

6 放上切成1cm塊狀的切達起司，拿掉蓋子，以600W微波加熱2分50秒～3分20秒。

披薩麵包

小朋友也愛的番茄醬風味。
放上玉米粒或熱狗等喜歡的配料，開動囉！

材料（510ml微波保鮮盒1個的量）

綠花椰菜 …… 適量
酵母粉 …… 1g
水 …… 70g
番茄醬 …… 30g
橄欖油 …… 5g
高筋麵粉 …… 100g
培根 …… 適量
披薩用起司絲 …… 適量

做法

1 把綠花椰菜分成小朵，包上保鮮膜，以600W微波加熱1～2分鐘。

2 將酵母粉、水、番茄醬和橄欖油倒入微波保鮮盒，用叉子充分攪溶拌勻。

3 加入高筋麵粉，用小一點的湯匙畫圈攪拌1分鐘以上，拌至沒有粉粒、出現黏性的狀態。

4 蓋上蓋子避免乾燥，置於室溫下發酵60～90分鐘，讓麵團膨脹至2倍以上的高度。

5 放上**1**的綠花椰菜、切成適口大小的培根、起司絲，拿掉蓋子，以600W微波加熱2分50秒～3分20秒。

MEMO

請將綠花椰菜、培根、起司的總重量控制在35g左右。如果量太多，麵團可能因為太重而無法順利膨脹。

大阪燒麵包

簡直就像真正的大阪燒啊！
以高湯提味的正宗滋味。

材料 (510ml 微波保鮮盒1個的量)

高湯粒 …… 8g
酵母粉 …… 1g
蛋 …… 1顆
水 …… 與蛋合計共100g
高筋麵粉 …… 100g
高麗菜絲 …… 15g
醃紅薑 …… 適量
大阪燒醬 …… 適量
美乃滋 …… 適量
柴魚片 …… 適量
海苔粉 …… 適量

做法

1 將高湯粒、酵母粉、蛋和水倒入微波保鮮盒，用叉子充分攪溶拌勻。

2 加入高筋麵粉，用小一點的湯匙畫圈攪拌1分鐘以上，拌至沒有粉粒、出現黏性的狀態。

3 接著加高麗菜絲，混拌均勻。

4 蓋上蓋子避免乾燥，置於室溫下發酵60～90分鐘，讓麵團膨脹至2倍以上的高度。

5 放上醃紅薑，拿掉蓋子，以600W微波加熱2分50秒～3分20秒。

6 把完成的麵包切片，吃之前依個人喜好擠上大阪燒醬、美乃滋，撒些柴魚片和海苔粉。

拉麵麵包

一口咬下，竟是醬油拉麵的味道！
想吃中菜時，可試試看這款麵包。

材料（510ml微波保鮮盒1個的量）

中式湯粉（顆粒）…… 5g
酵母粉 …… 1g
水 …… 90g
醬油 …… 3g
高筋麵粉 …… 100g
魚板 …… 3片
叉燒 …… 2片
蔥花 …… 適量

做法

1 將中式湯粉、酵母粉、水和醬油倒入
  微波保鮮盒，用叉子充分攪溶拌勻。

2 加入高筋麵粉，用小一點的湯匙畫圈
  攪拌1分鐘以上，拌至沒有粉粒、出
  現黏性的狀態。

3 取2片魚板切成細條，用湯匙均等地
  塞入麵團內。

4 蓋上蓋子避免乾燥，置於室溫下發酵
  70～100分鐘，讓麵團膨脹至2倍以
  上的高度。

5 放上1片魚板、叉燒、蔥花，拿掉蓋
  子，以600W微波加熱2分50秒～3分
  20秒。

MEMO

備妥魚板、青蔥花、叉
燒等拉麵的配料。把2
片魚板切成細條拌入麵
團增加口感。

(*Column*)

麵包良伴

直接吃就很好吃的BOX麵包，
搭配果醬或奶油又是另一番美味。
以下為各位介紹我的常備推薦商品。

Kayamila
咖椰醬（椰子）

椰漿和蛋做成的濃郁甜醬。這是我的第二故
鄉新加坡的經典早餐口味，類似卡士達醬的
滋味，不管是誰都會喜歡！建議塗在烤好的
麵包上享用。

220g　480日圓＋稅／Fuji Food Service

四葉有鹽奶油
（打發型）

四葉奶油的特色是奶油風味非常棒，在日本
可以在超市等處輕易購得。除了抹在麵包上
拿去烤很好吃，奶油融化後，撕下麵包沾著
吃也很讚！

100g　274日圓＋稅／四葉乳葉

LE FERRE
白松露風味橄欖油

只要一點點，就能增加芳醇的松露香。搭配岩鹽沾麵包吃
很美味，但最棒的吃法是和鬆餅一起吃。稍微滴幾滴，鬆
餅的味道立刻多了一股成熟韻味！

250ml　1350日圓＋稅／Green Agent

Chapter
2

BOX甜麵包

甜度低的甜麵包,
好滋味讓人每天都想吃。
自己動手做,
沒有添加物,吃得更安心。
因為很簡單,
非常適合和孩子一起做喔!

楓糖麵包

溫和的楓糖漿香氣，
請享用甜蜜的幸福！

材料 (510ml微波保鮮盒1個的量)

楓糖漿 …… 50g
酵母粉 …… 1g
蛋黃 …… 1個
水 …… 與蛋黃合計共70g
高筋麵粉 …… 100g
有鹽乳瑪琳 …… 10g

做法

1 將30g的楓糖漿、酵母粉、蛋黃和水倒入微波保鮮盒，用叉子充分攪溶拌勻。

2 加入高筋麵粉、乳瑪琳，用小一點的湯匙畫圈攪拌1分鐘以上，拌至沒有粉粒、出現黏性的狀態。

3 蓋上蓋子避免乾燥，置於室溫下發酵60～90分鐘，讓麵團膨脹至2倍以上的高度。

4 把20g的楓糖漿用湯匙插入麵團內，做出大理石花紋。

5 拿掉蓋子，以600W微波加熱2分30秒～3分鐘。

MEMO

將楓糖漿拌入已發酵的麵團時，請留意勿擠壓麵團。不要拌太久才能做出好看的大理石花紋。

巧克力麵包

可可麵團的 BOX 麵包，
甜度適中的微苦大人味。

材料(510ml微波保鮮盒1個的量)

鹽 …… 2g

砂糖 …… 20g

酵母粉 …… 1g

蛋黃 …… 1個

水 …… 與蛋黃合計共105g

高筋麵粉 …… 100g

有鹽乳瑪琳 …… 10g

可可粉 …… 10g

水滴巧克力 …… 35g

做法

1 將鹽、砂糖、酵母粉、蛋黃和水倒入
　微波保鮮盒，用叉子充分攪溶拌勻。

2 加入高筋麵粉、乳瑪琳和可可粉，用
　小一點的湯匙畫圈攪拌1分鐘以上，
　拌至沒有粉粒、出現黏性的狀態。

3 加入水滴巧克力，混拌均勻。

4 蓋上蓋子避免乾燥，置於室溫下發酵
　60～100分鐘，讓麵團膨脹至2倍以
　上的高度。

5 拿掉蓋子，以600W微波加熱2分30
　秒～3分鐘。

巧克力麵包
Arrange Menu

絕對美味的熱門組合！
香蕉巧克力

融化的棉花糖超好吃！
烤棉花糖風味

巧克力醬溢出的極品麵包
熔岩巧克力

香蕉巧克力

材料 (510ml微波保鮮盒1個的量)

鹽 …… 2g

酵母粉 …… 1g

水 …… 與蛋黃合計共105g

高筋麵粉 …… 100g

有鹽乳瑪琳 …… 10g

可可粉 …… 10g

水滴巧克力 …… 25g

砂糖 …… 20g

蛋黃 …… 1個

香蕉 …… 35g

做法

1 依照P.59的步驟**1**～**2**拌製麵團。

2 把水滴巧克力和切成1cm塊狀的香蕉用湯匙均等地塞入麵團內。

3 依照P.59的步驟**4**讓麵團發酵後，拿掉蓋子，以600W微波加熱2分50秒～3分20秒。

烤棉花糖風味

材料 (510ml微波保鮮盒1個的量)

鹽 …… 2g

酵母粉 …… 1g

水 …… 與蛋黃合計共105g

高筋麵粉 …… 100g

有鹽乳瑪琳 …… 10g

可可粉 …… 10g

棉花糖 …… 4個(12g)

巧克力 …… 13g

砂糖 …… 20g

蛋黃 …… 1個

做法

1 依照P.59的步驟**1**～**2**拌製麵團。

2 把切成4等份的棉花糖用湯匙均等地塞入麵團內。

3 依照P.59的步驟**4**讓麵團發酵後，放上分成適當大小的巧克力，拿掉蓋子，以600W微波加熱2分50秒～3分20秒。

熔岩巧克力

材料 (130ml微波保鮮盒4個的量)

動物性鮮奶油 …… 20g

巧克力 …… 50g

鹽 …… 2g

砂糖 …… 20g

酵母粉 …… 1g

蛋黃 …… 1個

水 …… 與蛋黃合計共105g

高筋麵粉 …… 100g

有鹽乳瑪琳 …… 10g

可可粉 …… 10g

做法

1 將動物性鮮奶油倒入耐熱容器，以600W微波加熱20秒。加入分成適當大小的巧克力拌至溶化，放進冰箱冷藏。

2 依照P.59的步驟**1**～**2**拌製麵團。把麵團分成4等份，各自裝入130ml的微波保鮮盒。

3 依照P.59的步驟**4**讓麵團發酵後，將**1**分成4等份、揉成圓球後塞入各保鮮盒內。

4 拿掉蓋子，每個保鮮盒以600W微波加熱40秒～1分鐘。

葡萄乾麵包

以葡萄乾的自然甜味
做成每天吃不膩的好滋味！

材料 (510ml微波保鮮盒1個的量)

鹽 …… 2g
砂糖 …… 20g
酵母粉 …… 1g
蛋黃 …… 1個
水 …… 與蛋黃合計共100g
高筋麵粉 …… 100g
有鹽乳瑪琳 …… 10g
葡萄乾 …… 25g

做法

1 將鹽、砂糖、酵母粉、蛋黃和水倒入微波保鮮盒，用叉子充分攪溶拌勻。

2 加入高筋麵粉、乳瑪琳，用小一點的湯匙畫圈攪拌1分鐘以上，拌至沒有粉粒、出現黏性的狀態。

3 接著加葡萄乾，混拌均勻。

4 蓋上蓋子避免乾燥，置於室溫下發酵60～90分鐘，讓麵團膨脹至2倍以上的高度。

5 拿掉蓋子，以600W微波加熱2分30秒～3分鐘。

焦糖核桃麵包

切成小塊的牛奶糖與核桃
增添麵包的香甜及口感。

材料 (510ml微波保鮮盒1個的量)

鹽 …… 2g
砂糖 …… 20g
酵母粉 …… 1g
蛋黃 …… 1個
水 …… 與蛋黃合計共100g
高筋麵粉 …… 100g
有鹽乳瑪琳 …… 10g
牛奶糖 …… 3個
核桃(用手剝碎) …… 10g

做法

1 將鹽、砂糖、酵母粉、蛋黃和水倒入微波保鮮盒,用叉子充分攪溶拌勻。

2 加入高筋麵粉、乳瑪琳,用小一點的湯匙畫圈攪拌1分鐘以上,拌至沒有粉粒、出現黏性的狀態。

3 把切成4等份的牛奶糖和核桃用湯匙均等地塞入麵團內。

4 蓋上蓋子避免乾燥,置於室溫下發酵60～90分鐘,讓麵團膨脹至2倍以上的高度。

5 拿掉蓋子,以600W微波加熱2分30秒～3分鐘。

MEMO

混拌牛奶糖和核桃時,
請均勻地拌入麵團內。
請小心不要擠壓麵團。

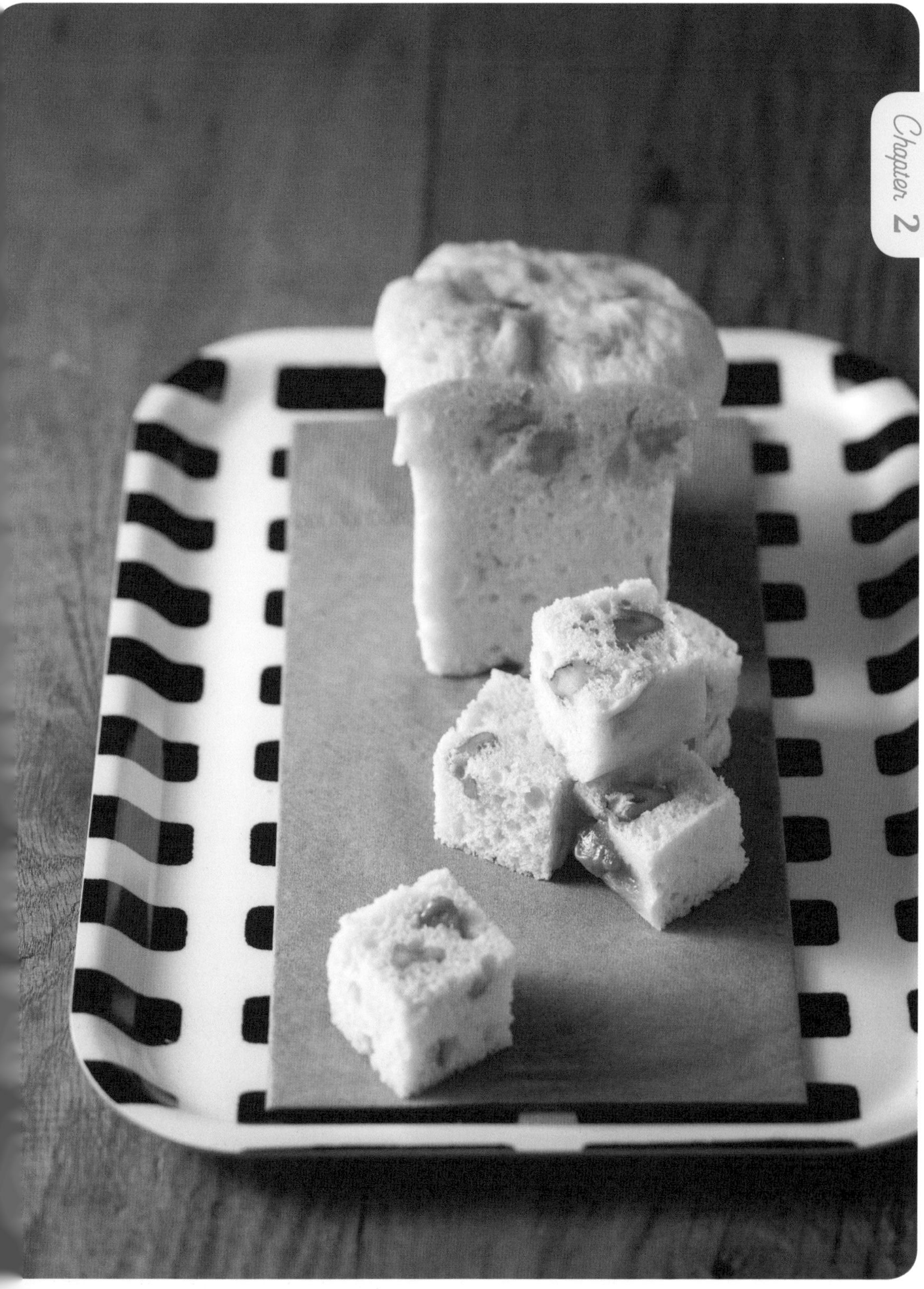

OREO大理石麵包

大理石花紋真可愛！
餅乾的酥脆口感吃起來真棒。

材料 (510ml微波保鮮盒1個的量)

鹽 …… 2g
砂糖 …… 20g
酵母粉 …… 1g
蛋黃 …… 1個
水 …… 與蛋黃合計共100g
高筋麵粉 …… 100g
有鹽乳瑪琳 …… 10g
OREO夾心餅 …… 3片

做法

1 將鹽、砂糖、酵母粉、蛋黃和水倒入微波保鮮盒，用叉子充分攪溶拌勻。

2 加入高筋麵粉、乳瑪琳，用小一點的湯匙畫圈攪拌1分鐘以上，拌至沒有粉粒、出現黏性的狀態。

3 把2片OREO夾心餅剝成適當大小，加進麵團後，用湯匙從盒底挖起、翻拌成大理石花紋狀。

4 蓋上蓋子避免乾燥，置於室溫下發酵70～100分鐘，讓麵團膨脹至2倍以上的高度。

5 放上1片剝成適當大小的OREO夾心餅，拿掉蓋子，以600W微波加熱2分50秒～3分20秒。

MEMO

把OREO夾心餅拌入麵團時，從盒底挖起，大略翻拌。如果拌太久就做不出美麗的大理石花紋。

紅茶麵包

伯爵茶或大吉嶺紅茶皆可，
請選擇喜歡的香氣。

原味紅茶

材料（510ml微波保鮮盒1個的量）

鹽 …… 2g
砂糖 …… 20g
酵母粉 …… 1g
蛋黃 …… 1個
水 …… 與蛋黃合計共100g
高筋麵粉 …… 100g
有鹽乳瑪琳 …… 10g
紅茶茶包的茶葉 …… 5g

做法

1 將鹽、砂糖、酵母粉、蛋黃和水倒入
  微波保鮮盒，用叉子充分攪溶拌勻。

2 加入高筋麵粉、乳瑪琳，用小一點的
  湯匙畫圈攪拌1分鐘以上，拌至沒有
  粉粒、出現黏性的狀態。

3 接著加紅茶茶葉，混拌均勻。

4 蓋上蓋子避免乾燥，置於室溫下發酵
  60～90分鐘，讓麵團膨脹至2倍以上
  的高度。

5 拿掉蓋子，以600W微波加熱2分30
  秒～3分鐘。

檸檬紅茶

材料（510ml微波保鮮盒1個的量）

原味紅茶的材料
…… 510ml微波保鮮盒1個的量
檸檬汁 …… 1小匙
檸檬片 …… 適量

做法

1 依照上文的步驟1～2拌製麵團。

2 加入紅茶茶葉和檸檬汁，混拌均勻。

3 依照步驟4讓麵團發酵後，放上切成
  扇形片狀的檸檬片，拿掉蓋子，以
  600W微波加熱2分30秒～3分鐘。

抹茶紅豆麵包

想配著日本茶一起享用的日式麵包。
豆沙也可換成紅豆粒餡喔！

材料 (510ml微波保鮮盒1個的量)

鹽 …… 2g
砂糖 …… 20g
酵母粉 …… 1g
水 …… 95g
高筋麵粉 …… 100g
有鹽乳瑪琳 …… 10g
抹茶粉 …… 5g
豆沙 …… 60g

做法

1 將鹽、砂糖、酵母粉和水倒入微波保鮮盒，用叉子充分攪溶拌勻。

2 加入高筋麵粉、乳瑪琳和抹茶粉，用小一點的湯匙畫圈攪拌1分鐘以上，拌至沒有粉粒、出現黏性的狀態。

3 蓋上蓋子避免乾燥，置於室溫下發酵60～90分鐘，讓麵團膨脹至2倍以上的高度。

4 把豆沙分成3等份並揉成圓球，保持均等間距塞入麵團的3處，用手指整平表面，不讓豆沙露出來。

5 拿掉蓋子，以600W微波加熱2分30秒～3分鐘。

MEMO

把豆沙揉成圓球後，用手指塞入已發酵的麵團。稍微往下塞，切片時會形成可愛的切面。

起司蛋糕

豐富的奶油乳酪帶來的濕潤口感。
因為甜度較低，最後請依個人喜好撒上糖粉。

材料 (510ml微波保鮮盒1個的量)

奶油乳酪 …… 50g
鹽 …… 2g
砂糖 …… 20g
酵母粉 …… 1g
蛋黃 …… 1個
動物性鮮奶油 …… 50g
高筋麵粉 …… 30g
糖粉 …… 適量

做法

1 將奶油乳酪放入微波保鮮盒，以600W微波加熱20秒使其軟化。

2 再把鹽、砂糖、酵母粉、蛋黃和動物性鮮奶油倒入保鮮盒，用叉子充分攪溶拌勻。

3 接著加入高筋麵粉，用小一點的湯匙畫圈攪拌1分鐘以上，拌至沒有粉粒、出現黏性的狀態。

4 蓋上蓋子避免乾燥，置於室溫下發酵70～100分鐘，讓麵團膨脹至2倍以上的高度。

5 拿掉蓋子，以600W微波加熱2分30秒～3分鐘。

6 擺盤，撒上糖粉。

MEMO
剛做好的時候很軟，
建議冷藏約1小時後
再吃。

肉桂蘋果麵包

肉桂香十足的
蘋果派風味麵包。

材料 (510ml微波保鮮盒1個的量)

蘋果 …… 1/4個
鹽 …… 2g
砂糖 …… 20g
酵母粉 …… 1g
蛋黃 …… 1個
水 …… 與蛋黃合計共100g
高筋麵粉 …… 100g
有鹽乳瑪琳 …… 10g
肉桂粉 …… 少許

做法

1　取一半的蘋果切成1cm塊狀，剩下的蘋果切成扇形片狀。一起放入微波保鮮盒，以600W微波加熱1分鐘後，放涼備用。

2　將鹽、砂糖、酵母粉、蛋黃和水倒入另一個保鮮盒，用叉子充分攪溶拌勻。

3　加入高筋麵粉、乳瑪琳，用小一點的湯匙畫圈攪拌1分鐘以上，拌至沒有粉粒、出現黏性的狀態。

4　把切成塊狀的蘋果用湯匙均等地塞入麵團內。

5　蓋上蓋子避免乾燥，置於室溫下發酵70～100分鐘，讓麵團膨脹至2倍以上的高度。

6　放上切成扇形片狀的蘋果，撒些肉桂粉。拿掉蓋子，以600W微波加熱2分40秒～3分10秒。

MEMO

把扇形片狀的蘋果和塊狀的蘋果一起放進保鮮盒加熱，省時又省事。不過，因為是分開使用，請小心不要混在一起。

動手做專屬口味的BOX麵包吧！

熟悉BOX麵包的做法後，
試著用喜歡的材料製作專屬於你的口味也很有趣喔！
在此傳授各位兩個訣竅。

砂糖或配料各控制在25g內

加太多砂糖，酵母菌會因為浸透壓而死亡，本書的食譜都控制在25g內。
拌入麵團的配料以1cm左右的大小、重量輕的食品為主，同樣控制在25g內。不過，油分、鹽分、含水量或酵素多的食品（生鮮蔬果、發酵食品等）會妨礙發酵，請避免使用。

配料的混拌方式

混拌配料總共有3種方式：「在麵團發酵前，均勻地拌入麵團」、「在麵團發酵後，將配料塞入麵團內」、「把配料擺在已發酵的麵團上」。
體積大且較重的配料會妨礙發酵，請在麵團發酵後再加。若想拌進麵團中，塞入配料時，請不要擠壓已發酵的麵團。如果是無法塞入麵團或想放在表面的配料，請擺在麵團上。

更加豐富多變的
BOX麵包

只要使用BOX麵包的麵團，
就能完成鬆軟可口的
美式鬆餅或甜甜圈。
不妨試著做做看，
在假日或派對送給親朋好友吧！

美式鬆餅

品嘗鬆軟的厚鬆餅，
在家感受咖啡廳的氣氛。

原味鬆餅

材料（2～3人份）

鹽 …… 4g
砂糖 …… 18g
酵母粉 …… 2g
蛋 …… 2顆（100～110g）
牛奶 …… 70g
沙拉油 …… 20g
香草精 …… 適量
高筋麵粉 …… 160g
有鹽奶油 …… 適量
楓糖漿 …… 適量

做法

1 將鹽、砂糖、酵母粉、蛋、牛奶、沙拉油和香草精倒入調理碗等容器，用打蛋器充分攪溶拌勻。

2 加入高筋麵粉，筷子反握，用筷頭畫圈攪拌1分鐘以上，拌至沒有粉粒、出現黏性的狀態。

3 包上保鮮膜避免乾燥，置於室溫下發酵240～300分鐘，讓麵糊的體積膨脹至2倍以上（如果烤箱有發酵功能的話，約35℃放置120分鐘）。

4 用湯匙舀起麵糊放入平底鍋，以小火～中火煎約2分鐘。待表面出現小氣泡即可翻面，蓋上鍋蓋，燜約3～5分鐘，讓麵糊烤熟。

5 盛盤，塗上奶油、淋些楓糖漿。

可可鬆餅

材料（2～3人份）

鹽 …… 4g
砂糖 …… 18g
酵母粉 …… 2g
蛋 …… 2顆（100～110g）
牛奶 …… 80g
沙拉油 …… 20g
香草精 …… 適量
高筋麵粉 …… 160g
可可粉 …… 10g
有鹽奶油 …… 適量
楓糖漿 …… 適量

做法

1 將鹽、砂糖、酵母粉、蛋、牛奶、沙拉油和香草精倒入調理碗等容器，用打蛋器充分攪溶拌勻。

2 加入高筋麵粉和可可粉，筷子反握，用筷頭畫圈攪拌1分鐘以上，拌至沒有粉粒、出現黏性的狀態。

3 依照原味鬆餅的步驟3～5發酵、煎烤麵糊。

MEMO

混拌高筋麵粉時會產生黏性，請使用筷子比較好操作。握住筷頭上方，確實攪拌至沒有粉粒殘留。

法式吐司

**吸收蛋液後產生軟綿的口感，
請趁熱享用！**

材料（2人份）

〈基本款BOX麵包
510ml微波保鮮盒1個的量〉

鹽 …… 2g
酵母粉 …… 1g
水 …… 90g
高筋麵粉 …… 100g

〈蛋液〉

蛋 …… 1顆
牛奶 …… 100cc
砂糖 …… 2大匙
有鹽奶油 …… 適量
糖粉 …… 適量
楓糖漿 …… 適量

MEMO

浸泡過蛋液的麵包容易破，
拿的時候請小心。下鍋時，
請用鍋鏟輕輕扶住。

做法

1 將鹽、酵母粉和水倒入微波保鮮盒，用叉子充分攪溶拌勻。

2 加入高筋麵粉，用小一點的湯匙畫圈攪拌1分鐘以上，拌至沒有粉粒、出現黏性的狀態。

3 蓋上蓋子避免乾燥，置於室溫下發酵60～90分鐘，讓麵團膨脹至2倍以上的高度。

4 拿掉蓋子，以600W微波加熱2分30秒～3分鐘。大略放涼後，從保鮮盒內取出麵包，切成適口厚度。

5 混合蛋液的材料，把麵包的兩面浸滿蛋液，包上保鮮膜，靜置20分鐘以上。

6 在平底鍋內放奶油，麵包下鍋以中火煎至兩面金黃。

7 盛盤，依個人喜好撒上糖粉、淋些楓糖漿。

甜甜圈

**令人驚豔的鬆軟！
一口大小的可愛尺寸。**

材料 (2〜3人份)

鹽 …… 4g

砂糖 …… 25g

酵母粉 …… 2g

蛋 …… 2顆（100〜110g）

牛奶 …… 70g

沙拉油 …… 20g

香草精 …… 適量

高筋麵粉 …… 160g

糖粉（最後裝飾用）…… 適量

做法

1 將鹽、砂糖、酵母粉、蛋、牛奶、沙拉油和香草精倒入調理碗等容器，用打蛋器充分攪溶拌勻。

2 加入高筋麵粉，筷子反握，用筷頭畫圈攪拌1分鐘以上，拌至沒有粉粒、出現黏性的狀態。

3 包上保鮮膜避免乾燥，置於室溫下發酵240〜300分鐘，讓麵糊的體積膨脹至2倍以上的大小（如果烤箱有發酵功能的話，約35℃放置120分鐘）。

4 用湯匙舀起一口大小的麵糊，放入加熱至200℃的油鍋中，炸2〜3分鐘。

5 瀝乾油分，撒上糖粉。

飯糰麵包

**小巧可愛方便食用，
加入各種配料做做看吧！**

材料（130ml微波保鮮盒4個的量）

鹽 …… 2g
酵母粉 …… 1g
水 …… 90g
高筋麵粉 …… 100g

〈餡料〉

香鬆 …… 1小包
醃梅乾 …… 1個
鮪魚美乃滋 …… 適量
佃煮昆布 …… 適量

做法

1 將鹽、酵母粉和水倒入調理碗等容器，用打蛋器充分攪溶拌勻。

2 加入高筋麵粉，筷子反握，用筷頭畫圈攪拌1分鐘以上，拌至沒有粉粒、出現黏性的狀態。把麵團分成4等份，分別裝入130ml的微波保鮮盒。

3 在1個保鮮盒內撒上約1/2包的香鬆，混拌均勻後，再撒上剩下的香鬆。

4 蓋上蓋子避免乾燥，置於室溫下發酵60～90分鐘，讓麵團膨脹至2倍以上的高度。

5 剩下的3個保鮮盒各用湯匙塞入醃梅乾、鮪魚美乃滋、佃煮昆布，用手指整平表面。

6 拿掉蓋子，每個保鮮盒以600W微波加熱1分鐘～1分30秒。

Chapter 3

085

紙杯麵包

**適合當作禮物的杯子蛋糕造型，
用糖霜做漂亮的裝飾。**

材料（205cc的紙杯2個）

喜歡的BOX麵團
（建議選擇P.56的楓糖麵包、
P.58的巧克力麵包等）
…… 510ml微波保鮮盒1個的量

〈奶油乳酪糖霜〉

　奶油乳酪 …… 100g
　無鹽奶油 …… 35g
　砂糖 …… 40g
　檸檬汁 …… 1小匙
糖珠 …… 適量
杏仁角（已烤過）…… 適量

做法

1 選擇喜歡的BOX麵包，依照步驟用調理碗等容器拌製麵糊。

2 在紙杯內各倒入100g的麵糊，包上保鮮膜，置於室溫下發酵60～90分鐘，讓麵糊的體積膨脹至杯口下1cm的高度。

3 如果選擇的是發酵後有加配料的麵包，在這時候加。

4 拿掉保鮮膜，每個紙杯以600W微波加熱1分20秒～1分50秒。

5 將奶油乳酪和奶油置於室溫下回軟，加入砂糖、檸檬汁拌勻。塗在麵包上，依個人喜好撒些糖珠或杏仁角。

MEMO

將麵糊倒入紙杯時，請倒比紙杯
高度一半再少一點的量。讓麵糊
膨脹至杯口下約1cm的高度。

草莓鮮奶油蛋糕

**不好烤的海綿蛋糕，
用BOX麵包來做就很簡單和美味！**

材料（4人份）

鹽 …… 2g
砂糖 …… 20g
酵母粉 …… 1g
蛋黃 …… 1個
水 …… 與蛋黃合計共100g
高筋麵粉 …… 160g
有鹽乳瑪琳 …… 10g

〈糖漿〉

| 砂糖 …… 30g
| 水 …… 30g

〈發泡鮮奶油〉

| 動物性鮮奶油 …… 200cc
| 砂糖 …… 30～50g
草莓 …… 大顆8個

做法

1 將鹽、砂糖、酵母粉、蛋黃和水倒入510ml的微波保鮮盒，用叉子充分攪溶拌勻。

2 加入高筋麵粉、乳瑪琳，用小一點的湯匙畫圈攪拌1分鐘以上，拌至沒有粉粒、出現黏性的狀態。

3 蓋上蓋子避免乾燥，置於室溫下發酵60～90分鐘，讓麵團膨脹至2倍以上的高度。

4 拿掉蓋子，以600W微波加熱2分30秒～3分鐘。放涼後對半縱切，再橫切成4片。

5 把糖漿的材料倒入耐熱容器，以600W微波加熱30秒，拌溶砂糖。在4的兩面塗抹大量的糖漿，放進冰箱冷藏30分鐘以上。

6 接著將動物性鮮奶油打發至用打蛋器撈起會呈現挺立的尖角狀態。將草莓留下裝飾用的量，剩下的切片。以麵包→鮮奶油→草莓的順序疊放，最後用鮮奶油和草莓做裝飾。

MEMO

讓麵包吸收大量的糖漿是美味的關鍵。把切片的麵包放在調理盤等容器，用毛刷均勻塗抹糖漿。

沾醬

適合用於派對的沾醬，
將喜歡的BOX麵包切成小塊沾著吃。

巧克力醬

材料（2～3人份）

巧克力 ⋯⋯ 50g
動物性鮮奶油 ⋯⋯ 30g

做法

1 全部放入耐熱容器，以600W微波
加熱30秒。取出後充分拌勻。

起司醬

材料（2～3人份）

可溶起司 ⋯⋯ 50g
白酒 ⋯⋯ 1大匙

做法

1 全部放入耐熱容器，以600W微波
加熱40秒左右，讓白酒輕微沸
騰。取出後充分拌勻。

酪梨醬

材料（3～4人份）

酪梨 ⋯⋯ 1/2個
切塊番茄罐頭 ⋯⋯ 3大匙
蒜泥 ⋯⋯ 1小匙
檸檬汁 ⋯⋯ 1小匙
鹽、胡椒 ⋯⋯ 各少許
Tabasco辣椒醬 ⋯⋯ 適量

做法

1 全部倒入塑膠袋，用手壓爛酪梨並
與其他材料混拌（如果不好操作，
請用電動攪拌棒等機器攪拌）。

披薩醬

材料（3～4人份）

切塊番茄罐頭 ⋯⋯ 1/2罐
番茄醬 ⋯⋯ 3大匙
蒜泥 ⋯⋯ 1大匙
橄欖油 ⋯⋯ 1大匙
鹽、胡椒 ⋯⋯ 各少許
奧勒岡 ⋯⋯ 建議放1小撮

做法

1 將所有材料充分拌勻。

 在製作麵包的過程中產生疑問，或是無法照著食譜順利完成的時候，
請參考以下的問與答！
麵包及麵粉相關的小常識也提供給大家。

麵包為什麼
會膨脹呢？

麵包膨脹是因為酵母菌發酵產氣（二氧化碳）所致。為了不讓氣體跑掉，必須藉由麵粉的蛋白質加水揉拌形成網狀膜（麵筋），再透過加熱膨脹變成麵包。

為何不使用
烤箱也能做麵包？

BOX麵包起初透過充分混拌形成扎實的麵筋。接著用微波爐加熱取代烤箱，讓麵團膨脹。只要活用麩質（麵筋），就算沒有烤箱也能做麵包。

可以用低筋麵粉
取代高筋麵粉嗎？

低筋麵粉的麩質含量比高筋麵粉少，膨發力較低，不適合做麵包，比較適合用於做菜或餅乾。

麵團不發酵的話
該怎麼辦？

秤量材料後如果在加入麵粉前擱置太久，酵母菌有時會因為鹽分或糖分的濃度而失去作用，導致無法發酵。秤完材料請馬上混拌。

發酵速度很慢的時候
如何處理？

麵團發酵得很慢，可能是麵團的溫度或室溫太低。若家中有烤箱，請用發酵功能30～35℃加熱，加速麵團的發酵。

**用微波爐加熱，
麵包卻沒有
順利膨脹。**

膨脹效果不佳，可能是發
酵不足所致。請讓麵團膨
脹至2倍以上再用微波爐
加熱。

**用微波爐加熱後，
麵包變硬了。**

微波爐是從食物的中心加
熱，若加熱過度會讓麵包
的中心變硬。微波爐依機
種的不同，加熱程度會有
所差異，請試著縮短加熱
時間。

**把麵包放在常溫保存，
麵包卻變硬了。**

要將麵包置於常溫保存，
為避免乾燥，請務必密
封。口味簡單的麵包，經
過一段時間就會脫水變
硬。做好的麵包，建議放
涼後立刻冷凍。

**覺得味道淡
該怎麼做？**

本書的麵包很少使用砂糖或奶油，基
本上多為清淡的口味。如果覺得味道
不夠，可做成開放式三明治，或是烤
過後抹果醬吃。想在麵團裡添加配料
的話，請參考P.76的說明，砂糖或配
料的用量各控制在25g內。

**BOX麵包吃了
會胖嗎？**

比起吐司或甜麵包，未使用砂糖和奶
油的基本款BOX麵包熱量較低。1個
510ml的保鮮盒做出來的基本款麵包
約366kcal。其他食譜的砂糖或油脂
也有減少用量。不過，任何食品吃太
多或偏食都是不正確的吃法。請各位
保持營養均衡的飲食。

食材別 INDEX

國家圖書館出版品預行編目資料

世界第一簡單！3分鐘懶人BOX麵包／齋藤由
郁里著；連雪雅譯. -- 初版. -- 臺北市：皇冠，
2021.04
面；公分. --（皇冠叢書；第4927種）（玩味；
20）
譯自：世界一ズボラなBOXパン！
ISBN 978-957-33-3680-8（平裝）

1. 點心食譜 2. 麵包

427.16   110002259

皇冠叢書第4927種

玩味 20

世界第一簡單！
3分鐘懶人BOX麵包

世界一ズボラなBOXパン！

SEKAIICHI ZUBORANA BOXPAN by Yukari Saito
Copyright © Yukari Saito, 2020
All rights reserved.
Original Japanese edition published by WANI BOOKS CO.,
LTD
Traditional Chinese translation copyright © 2021 by
CROWN PUBLISHING COMPANY, LTD.
This Traditional Chinese edition published by arrangement
with WANI BOOKS CO., LTD, Tokyo, through HonnoKizuna,
Inc., Tokyo, and Keio Cultural Enterprise Co., Ltd.

作　　者—齋藤由郁里
譯　　者—連雪雅
發 行 人—平雲
出版發行—皇冠文化出版有限公司
　　　　　臺北市敦化北路120巷50號
　　　　　電話◎02-2716-8888
　　　　　郵撥帳號◎15261516號
　　　　　皇冠出版社（香港）有限公司
　　　　　香港銅鑼灣道180號百樂商業中心
　　　　　19字樓1903室
　　　　　電話◎2529-1778　傳真◎2527-0904
總 編 輯—許婷婷
責任編輯—黃雅群
美術設計—嚴昱琳
著作完成日期—2020年5月
初版一刷日期—2021年4月
法律顧問—王惠光律師
有著作權·翻印必究
如有破損或裝訂錯誤，請寄回本社更換
讀者服務傳真專線◎02-27150507
電腦編號◎542020
ISBN◎ 978-957-33-3680-8
Printed in Taiwan
本書定價◎新台幣320元/港幣107元

● 皇冠讀樂網：www.crown.com.tw
● 皇冠Facebook：www.facebook.com/crownbook
● 皇冠 Instagram：www.instagram.com/crownbook1954/
● 小王子的編輯夢：crownbook.pixnet.net/blog